Bibliographic information published by the German National Library:

The German National Library lists this publication in the National Bibliography; detailed bibliographic data are available on the Internet at http://dnb.dnb.de .

Imprint:

Print and binding: Books on Demand GmbH, Norderstedt Germany
ISBN: 9783668835146

This book at GRIN:

https://www.grin.com/document/449043

Nabil Safta

Introduction à la Métrologie. Notes de cours et applications

GRIN Verlag

Université de Monastir

Faculté des Sciences de Monastir

Département de Physique

Introduction à la Métrologie

Notes de cours et applications

Nabil SAFTA

Année universitaire : 2018 - 2019

Préface

La connaissance du monde extérieur, qui se traduit par l'utilisation de nos cinq sens, est une nécessité sans laquelle notre survie serait en danger. Néanmoins, la sensation varie en fonction de la personne de sorte que cette dernière ne peut avoir qu'une vision globale des choses ce qui relève de la subjectivité et ne s'apparente, en aucun cas, à la science. De ce fait, l'être humain s'est aperçu, depuis l'antiquité, qu'il était absolument vital de quantifier les propriétés ou caractéristiques du système observé et qu'il fallait donc adopter le mécanisme de la mesure en utilisant des références. Historiquement, les premières mesures effectuées concernaient les longueurs, les poids et les surfaces des terrains. Au sujet du temps, la première horloge, celle à eau, date d'environ 3500 ans avant Jésus christ.

Néanmoins, les étalons de référence diffèrent selon les cultures, les pays et les époques historiques. En conséquence, et par souci d'uniformisation des mesures, la communauté scientifique international avait consenti, depuis des siècles, des efforts colossaux qui ont été finalement couronnés, en 1971, par l'instauration du fameux système international d'unités ouvrant ainsi la voie à la Métrologie qui est la science de la mesure.

C'est dans ce contexte que s'inscrivent ces notes de cours qui s'adressent aux étudiants des licences fondamentale et appliquée de Physique et de Chimie. Plus précisément, il est question de présenter, au lecteur, les fondamentaux de ce volet scientifique en focalisant l'intérêt sur trois chapitres qui comportent chacun des exercices d'applications suivis des réponses concises.

Le premier chapitre est dédié aux grandeurs physiques fondamentales et dérivées en mettant l'accent sur leurs dimensions.

Le deuxième chapitre, qui s'articule autour de la mesure d'une grandeur physique, met en relief trois parties : le système international d'unités, les instruments de mesure et les méthodes de mesures.

Le troisième chapitre a trait à l'estimation de l'incertitude absolue aussi bien pour les mesures directes qu'indirectes.

Mots clés : Grandeurs physiques, mesure, instruments, méthodes, incertitude absolue.

Sommaire

Liste des figures

Liste des tableaux

Chapitre 1

Grandeurs physiques

1.1 Introduction

Par grandeur physique, on entend toute propriété ou caractéristique d'un système (un corps, une substance…).

Une grandeur physique mesurable signifie qu'elle peut être définie qualitativement et exprimée quantitativement [1].

Une grandeur physique mesurable, appelée aussi mesurande, peut être associée à une échelle de nombres. On peut classer les grandeurs physiques mesurables en deux catégories [1]:

(i) Les grandeurs indépendantes du temps comme par exemple une tension continue, une intensité de courant continu, une distance fixe, une température prise à un instant donné…

(ii) Les grandeurs dépendantes du temps : une tension alternative, la longueur d'un métal chauffé en fonction du temps, une température prise à différents instants de la journée…

1.2 Grandeurs fondamentales – Dimensions

Le tableau 1.1 donne les sept grandeurs fondamentales, leurs symboles ainsi que leurs dimensions [1].

Tableau 1.1 : Les sept grandeurs fondamentales, leurs symboles ainsi que leurs dimensions

Grandeur fondamentale (Symbole)	Dimension
Temps (t)	T
Longueur (l)	L
Masse (m)	M
Intensité du courant électrique (i)	I
Température thermodynamique (T)	θ
Intensité lumineuse (I_v)	J
Quantité de matière (n)	N

Remarques

1. Toute autre grandeur physique que les grandeurs fondamentales peut être exprimée en fonction de ces dernières.
2. On écrira [X] pour exprimer la dimension de la grandeur X.
3. Pour deux grandeurs X_1 et X_2, on a :

$$[X_1 X_2] = [X_1] [X_2]$$

$$\left[\frac{X_1}{X_2}\right] = \frac{[X_1]}{[X_2]}$$

$$[X^n] = [X]^n$$

1.3 Grandeurs physiques dérivées

Remarques

1. Pour une grandeur physique dérivée de nature vectorielle, on utilisera, dans la suite, sa norme pour exprimer sa dimension.
2. La dimension d'une constante sans unité vaut 1.
3. On fera appel, dans la suite, à une loi de comportement qui correspond à une relation ou équation faisant intervenir un certain nombre de grandeurs.
4. Toutes les équations utilisées en physique sont homogènes. En d'autres termes, les deux membres de n'importe quelle équation possèdent la même dimension.

Le Tableau 1.2 met en relief les grandeurs physiques dérivées usuelles, leurs équations dans le cas le plus simple ainsi que leurs dimensions respectives.

Tableau 1.2 Grandeurs physiques dérivées usuelles, leurs symboles et équations ainsi que leurs dimensions respectives.

Grandeur physique Dérivée (Symbole)	Equation	Dimension
Surface (S)	$S = l_1 l_2$	$[S] = [l_1 l_2] = [l_1]\,[l_2] = L\,L = L^2$
Volume (V)	$V = l_1 l_2 l_3$	$[V] = [l_1 l_2 l_3] = [l_1]\,[l_2]\,[l_3] = L\,L\,L = L^3$
Vitesse (v)	$v = \frac{l}{t}$	$[v] = \left[\frac{l}{t}\right] = \frac{[l]}{[t]} = L\,T^{-1}$
Accélération (γ)	$\gamma = \frac{v}{t}$	$[\gamma] = \left[\frac{v}{t}\right] = \frac{[v]}{[t]} = L\,T^{-2}$
Force (F)	$F = m\,\gamma$	$[F] = [m\,\gamma] = [m]\,[\gamma] = MLT^{-2}$
Pression (p)	$p = \frac{F}{S}$	$[p] = \frac{[F]}{[S]} = \frac{MLT^{-1}}{L^2} = ML^{-1}T^{-2}$
Energie (W)	$W = \frac{1}{2}mv^2$	$[W] = \left[\frac{1}{2}mv^2\right] = \left[\frac{1}{2}\right][m][v^2] = ML^2\,T^{-2}$
Puissance électrique (P)	$P = \frac{W}{t}$	$[P] = \left[\frac{W}{t}\right] = \frac{[W]}{[t]} = \frac{ML^2\,T^{-2}}{T} = ML^2\,T^{-3}$
Densité de courant électrique (j)	$j = \frac{i}{S}$	$[j] = \left[\frac{i}{S}\right] = \frac{[i]}{[S]} = \frac{I}{L^2} = IL^{-2}$
Charge électrique (q)	$q = i\,t$	$[q] = [i\,t] = [i]\,[t] = I\,T$
Champ électrique (E)	$E = \frac{F}{q}$	$[E] = \frac{F}{q} = \frac{[F]}{[q]} = \frac{MLT^{-2}}{I\,T} = MLI^{-1}T^{-3}$

Potentiel électrique - Tension électrique (U)	$U = E\,l$	$[U] = [E\,l] = [E]\,[l] = MLI^{-1}T^{-3}L = ML^2\,I^{-1}T^{-3}$
Capacité électrique (C)	$C = \frac{q}{U}$	$[C] = \frac{[q]}{[U]} = \frac{I\,T}{ML^2\,I^{-1}T^{-3}} = M^{-1}I^2\,T^4\,L^{-2}$
Résistance électrique (R)	$R = \frac{U}{i}$	$[R] = \left[\frac{U}{i}\right] = \frac{[U]}{[i]} = \frac{ML^2\,I^{-1}T^{-3}}{I} = ML^2\,I^{-2}T^{-3}$
Champ magnétique (B)	$B = \frac{F}{q\,v}$	$[B] = \left[\frac{F}{q\,v}\right] = \frac{[F]}{[q\,v]} = \frac{[F]}{[q][v]} = \frac{MLT^{-2}}{I\,T\,L\,T^{-1}} = MI^{-1}T^{-2}$
Quantité de chaleur (Q)	*	$[Q] = ML^2\,T^{-2}$
Capacité thermique à pression constante (C_p)	$Cp = \frac{Q}{m\,\Delta T}$	$[Cp] = \left[\frac{Q}{m\,\Delta T}\right] = \frac{[Q]}{[m][\Delta T]} = \frac{ML^2\,T^{-2}}{M\,\theta} = L^2\,T^{-2}\theta^{-1}$

* Le premier principe de la thermodynamique stipule que la quantité de chaleur possède la dimension d'une énergie

Remarques

1. La constante de Planck h possède la dimension suivante :

$$[h] = ML^2\,T^{-1}$$

2. La dimension d'un angle vaut 1.

3. L'argument du logarithme, de l'exponentielle ou encore des fonctions trigonométriques (cosinus, sinus, tangente,…) doit être de dimension 1.

Exercices d'applications

Exercice 1.1

La loi des gaz parfaits s'exprime comme étant :

$$P\,V = n\,R\,T$$

1. Donner la dimension de chaque terme de cette équation.

La loi des gaz réels s'exprime comme étant :

$$\left(P + \frac{a}{V^2}\right)(V - b) = n\,R\,T$$

où a et b sont deux constantes.

2. Déterminer les dimensions de a et b.

Exercice 1.2

1. Exprimer la dimension de la constante diélectrique du vide ε_0.
2. Déterminer la dimension de la perméabilité magnétique du vide μ_0.
3. Donner la dimension du produit $\varepsilon_0\,\mu_0$. Conclure.

Exercice 1.3

L'énergie électrostatique W d'un condensateur s'exprime comme étant : $W = \frac{1}{2} q^{\alpha} C^{\beta}$

Déterminer les valeurs de deux nombres α et β sachant que la dimension de la capacité est donnée par $[C] = M^{-1} I^{2} T^{4} L^{-2}$.

Exercice 1.4

L’énergie du niveau fondamental d’un atome d’hydrogène s’exprime comme étant [2]:

$$E_h = -\left(\frac{1}{4\pi\varepsilon_0}\right)^2 \frac{m_0 q^4}{2\eta^2}$$

où m_0 est la masse d’un électron libre dans le vide, q est la charge élémentaire, $\eta = \frac{h}{2\pi}$ où h est la constante de Planck et ε_0 est la constante diélectrique du vide.

Montrer que l’équation exprimant l’énergie est homogène.

Réponses

Exercice 1.1

1. $[P] = ML^{-1}T^{-2}$, $[V] = L^3$, $[n] = N$; $[R] = M L^2 T^{-2} \theta^{-1} N^{-1}$ et $[T] = \theta$.
2. $[a] = M L^5 T^{-2}$ et $[b] = L^3$.

Exercice 1.2

1. $[\varepsilon_0] = M^{-1} L^{-3} T^4 I^2$
2. $[\mu_0] = M L T^{-2} I^{-2}$.
3. $[\varepsilon_0 \mu_0] = L^{-2} T^2 = [v^{-2}]$

Exercice 1.3

$\alpha = 2$ et $\beta = -1$.

Exercice 1.4

$$\left[-\left(\frac{1}{4\pi\varepsilon_0}\right)^2 \frac{m_0 q^4}{2\eta^2}\right] = \left[\frac{m_0 q^4}{\varepsilon_0^2\, \eta^2}\right] = \frac{[m_0][q^4]}{[\varepsilon_0^2][\eta^2]} = \frac{MI^4T^4}{M^{-2}L^{-6}T^8I^4M^2L^4T^{-2}} = M\,L^2T^{-2}$$

Le membre à droite de l'équation en question possède la dimension d'une énergie. En conséquence, il s'agit d'une équation homogène.

Chapitre 2

Mesure d'une grandeur physique

2.1 Introduction

La mesure est une procédure expérimentale adoptée afin d'associer une valeur à une grandeur physique donnée.

La mesure d'une grandeur physique requiert trois exigences [1]:

(i) Une échelle associée à un système d'unités. (Dans ce qui suit, nous allons adopter le système international d'unités (SI)).

(ii) Un instrument (un appareil) de mesure.

(iii) Une méthode de mesure.

2.2 Unités de mesure du système international

2.2.1 Unités fondamentales [1]

Le Tableau 2.1 expose, pour chaque grandeur fondamentale, sa dimension et son unité.

Les unités associées aux grandeurs fondamentales sont les unités fondamentales.

Tableau 2.1 Dimensions et unités des grandeurs fondamentales

Grandeur fondamentale (Symbole)	**Dimension**	**Unité**
Temps (t)	T	seconde (s)
Longueur (*l*)	L	mètre (m)
Masse (m)	M	kilogramme (kg)
Intensité du courant électrique (i)	I	ampère (A)
Température thermodynamique (T)	θ	kelvin (K)
Intensité lumineuse (I_v)	J	candela (cd)
Quantité de matière (n)	N	mole (mol)

2.2.2 Unités des grandeurs dérivées – Unités dérivées

Pour chaque grandeur physique dérivée, le Tableau 2.2 rappelle sa dimension, donne son unité exprimée en fonction des unités fondamentales et indique, lorsqu'elle elle existe, son unité dérivée avec son symbole.

Tableau 2.2 Dimension, unité exprimée en fonction des unités fondamentales et unité dérivée (avec son symbole), lorsqu'elle elle existe, de chaque grandeur physique dérivée.

Grandeur physique dérivée (Symbole)	**Dimension**	**Unité exprimée en fonction des unités fondamentales**	**Unité dérivée (symbole)**
Surface (S)	L^2	m^2	–
Volume (V)	L^3	m^3	–
Vitesse (v)	$L\,T^{-1}$	$m\,s^{-1}$	–
Accélération (γ)	$L\,T^{-2}$	$m\,s^{-2}$	–
Force (F)	MLT^{-2}	$kg\,m\,s^{-2}$	newton (N)
Pression (p)	$ML^{-1}T^{-2}$	$kg\,m^{-1}\,s^{-2}$	pascal (Pa)
Energie (W)	$ML^2\,T^{-2}$	$kg\,m^2\,s^{-2}$	joule (J)
Puissance électrique (P)	$ML^2\,T^{-3}$	$kg\,m^2\,s^{-3}$	watt (W)
Densité de courant électrique (j)	IL^{-2}	$A\,m^{-2}$	–

Charge électrique (q)	I T	A s	coulomb (C)
Champ électrique (E)	$MLI^{-1}T^{-3}$	kg m A^{-1} s^{-3}	–
Potentiel électrique (U) Tension électrique	$ML^2\ I^{-1}T^{-3}$	kg m^2 A^{-1} s^{-3}	volt (V)
Capacité électrique (C)	$M^{-1}I^2\ T^4\ L^{-2}$	kg^{-1} A^2 s^4 m^{-2}	farad (F)
Résistance électrique (R)	$ML^2\ I^{-2}T^{-3}$	kg m^2 A^{-2} s^{-3}	ohm (Ω)
Champ magnétique (B)	$M\ I^{-1}T^{-2}$	kg A^{-1} s^{-2}	tesla (T)
Quantité de chaleur (Q)	$ML^2\ T^{-2}$	kg m^2 s^{-2}	joule (J)
Capacité thermique à pression constante (C_p)	$L^2\ T^{-2}\theta^{-1}$	m^2 s^{-2} K^{-1}	-

Remarques

(i) L'unité du champ électrique, dans le système international, est usuellement exprimée comme étant V m^{-1}

(ii) L'unité de la capacité thermique à pression constante C_p, dans le système international, peut être exprimée comme étant J kg^{-1} K^{-1}

(iv) L'unité de la constante de Planck h est : kg m^2 s^{-1}.

(v) L'unité de la fréquence est le hertz (Hz).

(vi) On exprime un angle en radian (rad) et on le considère sans unité.

(vii) L'argument du logarithme, de l'exponentielle ou encore des fonctions trigonométriques (cosinus, sinus, tangente,…) doit être sans unité.

2.3 Instruments de mesure

2.3.1 Instruments analogiques

Les instruments de mesure analogiques sont munis de graduations qui permettent de lire la valeur de la grandeur mesurée ou alors sont dotés d'une aiguille précisant la valeur mesurée sur une échelle [3].

Comme instruments à graduations, on peut évoquer :

(i) Une règle graduée en mm (1 mm = 10^{-3} m) (Fig. 2.1)

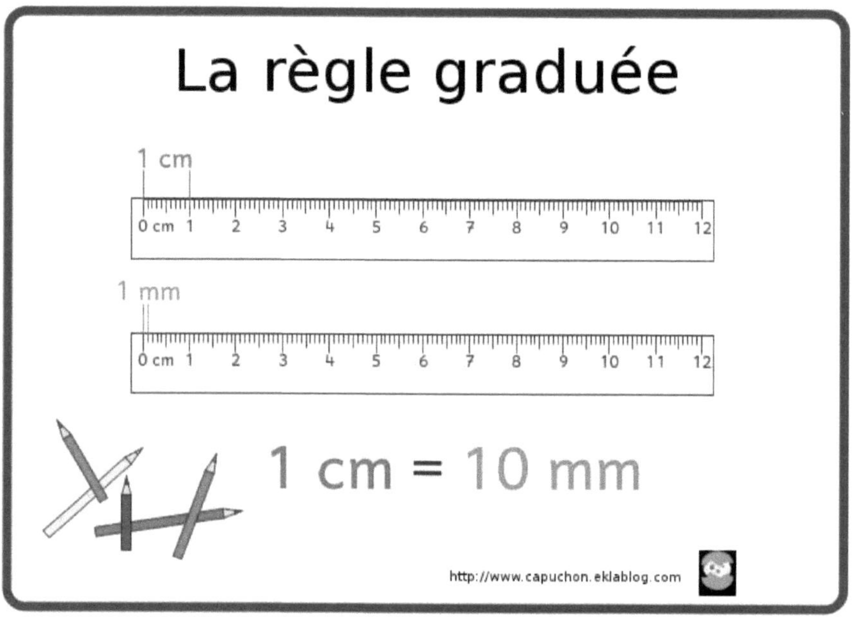

Fig 2.1 : Règle graduée en mm [4]

(ii) Une éprouvette graduée (une graduation correspond à 2 millilitres (ml) ; 1 ml = 10^{-6} m^3)

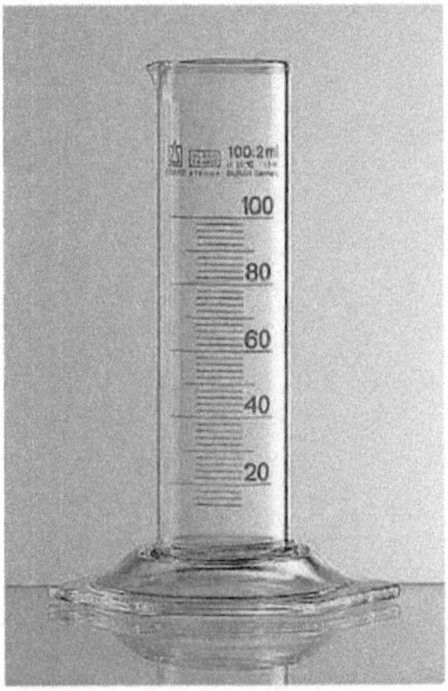

Fig 2.2 : Eprouvette graduée [5]

(iii) Un thermomètre

La figure 2.3 illustre un thermomètre graduée en °C (La température 0 K = - 273 °C)

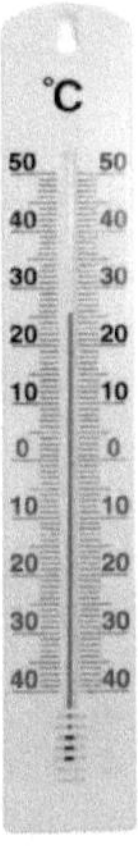

Fig. 2.3 Thermomètre [6]

Concernant les instruments analogiques à aiguille, on peut citer :

(i) **Un ampèremètre analogique**

La figure 2.4 montre un ampèremètre analogique.

Fig. 2.4 Ampèremètre analogique [7]

Utilisation d'un ampèremètre analogique [8]

- **Montage**

Un ampèremètre doit être branché en série dans un circuit.

- **Sens de branchement (polarité)**

Le courant doit entrer dans l'ampèremètre par la borne marquée + (ou 10 A) et ressortir par la borne "commune" marquée COM.

- **Calibre**

Le calibre correspond à l'intensité la plus élevée que peut mesurer l'ampèremètre. On peut changer de calibre en tournant le commutateur.

Le Tableau 2.1 fournit, pour le courant continu (⎓), quelques calibres disponibles, les échelles qui leurs sont associées et la valeur de la graduation dans chaque cas.

Les calibres du courant alternatif (~) sont indiqués en rouge. Dans ce cas, l'ampèremètre permet de mesurer la valeur efficace de l'intensité du courant.

Tableau 2.3 Quelques calibres disponibles (en mode continu), les échelles qui leurs sont associées et la valeur de la graduation dans chaque cas.

Calibre (mA)	Echelle correspondante	Graduation
0,3 3 30 300	30	1
1 10 100	100	2

Remarque

Pour éviter d'endommager l'ampèremètre, il convient de le brancher sur le plus fort calibre. Ensuite, il faut, éventuellement, passer à un calibre plus bas pour obtenir un résultat de mesure précis. Le calibre le plus commode est le plus petit calibre possible, c'est-à-dire celui qui donne le maximum de déviation de l'aiguille.

- **Lecture**

L'aiguille se déplace. La lecture de sa position donne un nombre que nous appellerons « Lecture ». En mode continu, on en déduit l'intensité de courant mesurée en tenant compte du calibre utilisé conformément à la relation suivante :

$$i_{mes} = \frac{\text{Lecture x Calibre utilisé}}{\text{Echelle correspondante}}$$

Exemples concernant un ampèremètre en mode continu

- Calibre utilisé : 3 mA ; Lecture : 10

$$i_{mes} = \frac{10 \text{ x } 3}{30} \text{ mA} = 1 \text{ mA}$$

- Calibre utilisé : 30 mA ; Lecture : 15

$$i_{mes} = \frac{15 \text{ x } 30}{30} \text{ mA} = 15 \text{ mA}$$

- Calibre utilisé : 10 mA ; Lecture : 72

$$i_{mes} = \frac{72 \text{ x } 10}{100} \text{ mA} = 7{,}2 \text{ mA}$$

- Calibre utilisé : 100 mA ; Lecture : 85

$$i_{mes} = \frac{85 \text{ x } 100}{100} \text{ mA} = 85 \text{ mA}$$

(ii) Un voltmètre analogique

La figure 2.5 illustre un voltmètre analogique.

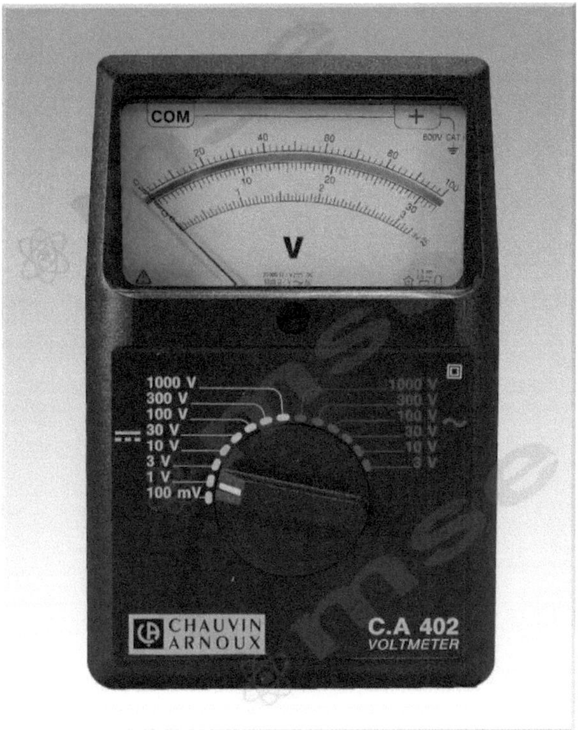

Fig. 2.5 Voltmètre analogique [9]

Utilisation d'un voltmètre [10]

- **Montage**

Un voltmètre se branche en dérivation dans un circuit.

- **Sens de branchement, polarité**

La borne marquée + doit être reliée au potentiel le plus élevé (coté positif) et la borne marquée COM au potentiel le plus faible (côté négatif). Mesurer U_{AB} signifie qu'il faut relier A à la borne V et B à la borne COM.

- **Calibre**

Le Tableau 3.2 rapporte quelques calibres disponibles (en mode continu) et les échelles qui leurs sont associées.

Les calibres du courant alternatif (~) sont indiqués en rouge et auquel cas, le voltmètre mesure la valeur efficace de la tension.

Tableau 2.4 Quelques calibres disponibles (en mode continu), les échelles qui leurs sont associées et la valeur de la graduation dans chaque cas.

Calibre (V)	Echelle correspondante	Graduation
0,3 3 30 300	30	1
1 10 100	100	2

- **Lecture**

L'aiguille se déplace. La lecture de sa position donne un nombre appelé « Lecture ». En mode continu, on en déduit la tension mesurée en utilisant la relation suivante :

$$U_{mes} = \frac{\text{Lecture x Calibre utilisé}}{\text{Echelle correspondante}}$$

Exemples s'agissant d'un voltmètre en mode continu

- Calibre utilisé : 3 V ; Lecture : 18

$$U_{mes} = \frac{18 \text{ x } 3}{30} \text{ V} = 1{,}8 \text{ V}$$

- Calibre utilisé : 30 V ; Lecture : 15

$$U_{mes} = \frac{15 \text{ x } 30}{30} \text{ V} = 15 \text{ V}$$

- Calibre utilisé : 10 V ; Lecture : 93

$$U_{mes} = \frac{93 \text{ x } 10}{100} \text{ V} = 9{,}3 \text{ V}$$

2.3.2 Instruments numériques

Les instruments de mesure numériques permettent de lire directement la valeur mesurée. Un multimètre numérique (voltmètre, ampèremètre..) et un compteur numérique constituent des exemples d'instruments numériques. La figure 2.6 illustre un multimètre numérique alors que la figure 2.7 montre un compteur numérique.

Fig 2.6 Multimètre numérique [11]

Pour la mesure, on utilise deux cordons (noir et rouge). Le cordon noir doit être branché dans la borne commune « COM » abstraction faite au type de mesure.

Pour mesurer une tension, le cordon rouge doit être branché dans la borne VΩmA. Ensuite, on choisit, selon la situation, le mode continu ou alternatif tout en respectant la calibre adéquat des tensions.

Afin de mesurer une intensité de courant, on branche, selon l'ordre de grandeur de cette dernière, le cordon rouge soit dans la borne VΩmA soit dans la borne 10ADC. Ensuite, on doit opter pour le calibre des courants le plus commode.

La mesure d'une résistance est possible à condition que le multimètre reste hors tension. De plus, le cordon rouge doit être branché dans la borne VΩmA et le calibre des résistances doit être adéquat [12]

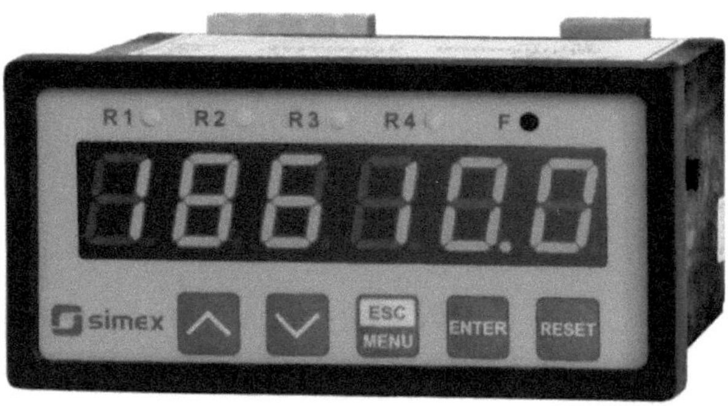

Fig 2.7 Compteur numérique [13]

2.1 Méthode de mesure

2.1.1 Mesure directe

La mesure directe est effectuée sans aucune transformation. A titre d'exemple, on peut évoquer :

(i) La mesure d'une longueur avec une règle.

(ii) La mesure d'un nombre de particules en utilisant un compteur numérique

(iii) La mesure d'une tension continue à l'aide d'un voltmètre.

2.1.2 Mesure indirecte [1]

Ceci se produit lorsque certains appareils de mesure transforment la grandeur mesurée en une autre ou encore dans le cas où on mesure une ou plusieurs grandeurs intermédiaires pour accéder à la grandeur en question.

Exemples

(i) Mesure d'une couleur pour parvenir à une température.

(ii) Mesure d'un temps pour remonter à une longueur. En particulier, on peut évoquer celle utilisant un faisceau laser [14].

(iii) Mesure de l'intensité d'un courant électrique pour remonter à une tension électrique.

(iv) Mesure d'un angle pour accéder à une longueur.

(v) Mesure de l'intensité d'un courant électrique et d'une tension électrique afin de déterminer la valeur d'une résistance.

2.1.3 Mesures répétées (multiples)

Ceci revient à répéter les mesures en faisant varier un paramètre expérimental de sorte qu'on dispose d'un ensemble de situations. Ainsi, chacune de ces dernières offre un résultat de mesure.

Ce mode de mesures permet d'établir ou de vérifier une loi. Il est, également, à même, dans certaines situations, de déterminer la valeur d'une grandeur.

L'exemple simplissime qu'on peut citer, dans ce contexte, consiste à mesurer, pour plusieurs tensions d'alimentation, la tension électrique aux bornes d'un résistor et l'intensité du courant électrique qui le traverse. Ceci permet de vérifier la loi d'Ohm mais également de déterminer avec une bonne précision la valeur de la résistance.

Exercices d'applications

Exercice 2.1

L'énergie du niveau fondamental d'un atome d'hydrogène s'exprime comme étant :

$$E_h = -\left(\frac{1}{4\pi\varepsilon_0}\right)^2 \frac{m_0 q^4}{2\eta^2}$$

où m_0 est la masse d'un électron libre dans le vide, q est la charge élémentaire, $\eta = \frac{h}{2\pi}$ où h est la constante de Planck et ε_0 est la constante diélectrique du vide.

1. Calculer l'énergie E_h en exprimant le résultat en fonction des unités fondamentales du système international.

On donne : $m_0 = 9{,}1\ 10^{-31}$ kg ; $q = 1{,}6\ 10^{-19}$ C ; $h = 6{,}62\ 10^{-34}$ J s ; $\varepsilon_0 = 8{,}85\ 10^{-12}$ F m^{-1}.

2. En déduire la valeur de l'énergie E_h exprimée en unité dérivée du système international.

3. L'énergie du niveau fondamental d'un système hydrogénoïde est donnée par :

$$E_{hd} = -\left(\frac{1}{4\pi\varepsilon_0\varepsilon_r}\right)^2 \frac{m_1 q^4}{2\eta^2}$$

où m_1 est une masse différente de m_0 et ε_r est une constante diélectrique relative.

a- Exprimer E_{hd} en fonction de E_h.

b- En déduire la valeur numérique de E_{hd} exprimée en unité dérivée du système international.

On donne $m_1 = 0{,}75\ m_0$ et $\varepsilon_r = 13{,}2$.

Exercice 2.2

Le coefficient de transmission, dans le cas d'une particule de masse m ayant une énergie W qui franchit une barrière de potentiel de hauteur W_0 et de largeur L, est donné par :

$$T = \frac{16\,W(W_0 - W)}{W_0^2} \exp - \left(\frac{\sqrt{8m(W_0 - W)L^2}}{\eta} \right)$$

1. Quelle est la dimension de T ?
2. Calculer T.

On donne:

$W_0 = 3{,}2 \times 10^{-19}$ J ; $W = 1{,}6 \times 10^{-19}$ J; $L = 5 \times 10^{-10}$ m ; $\eta = 1{,}05 \times 10^{-34}$ J s; $m = 9{,}1 \times 10^{-31}$ kg.

Exercice 2.3

La capacité C d'une jonction métal – semi-conducteur à l'équilibre s'exprime comme étant :

$$C = \left(\frac{\varepsilon_0 \varepsilon_r q N}{2} \right)^{\frac{1}{2}} S\, U_D^{-\frac{1}{2}}$$

où ε_0 est la permittivité du vide, ε_r est la permittivité relative du semi-conducteur, q est la charge élémentaire, N est la densité du dopant, S est la section de la jonction et U_D est un paramètre caractéristique de la jonction.

1. Déterminer l'expression de U_D en fonction de ε_0, ε_r, q, N, S et C.
2. Exprimer l'unité de U_D en fonction des unités fondamentales du système international.
3. En déduire l'unité dérivée de U_D dans le système international.
4. Calculer la valeur numérique de U_D.

On donne :

$\varepsilon_0 = 8{,}85\ 10^{-12}$ F m^{-1} ; $\varepsilon_r = 12$; $q = 1{,}6\ 10^{-19}$ C ; $S = 10^{-6}$ m^2 ; $N = 5{,}1\ 10^{19}$ m^{-3} ; $C = 3\ 10^{-11}$ F.

Exercice 2.4

On considère :

$$\alpha = 2\,V \left(\frac{2\pi m k_B\, T}{h^2}\right)^{\frac{3}{2}} \exp\left(-\frac{W}{k_B\, T}\right)$$

Calculer α. Conclure.

On donne :

$V = 1\ m^3$; $m = 9{,}1\ 10^{-31}$ kg ; $k_B = 1{,}3\ 10^{-23}\ J\ K^{-1}$; $T = 300$ K, $h = 6{,}62\ 10^{-34}$ J s ; $W = 4\ 10^{-20}$ J.

Réponses

Exercice 2.1

1. $E_h = -2{,}176\ 10^{-18}$ kg m^2 s^{-2}
2. $E_h = -2{,}176\ 10^{-18}$ J
3. $E_{hd} = E_h \frac{m_1}{m_0\ \varepsilon_r^2}$
4. $E_{hd} = -0{,}95\ 10^{-20}$ J.

Exercice 2.2

1. [T] = 1
2. T = 0,0236

Exercice 2.3

1. $U_D = \frac{\varepsilon_0\ \varepsilon_r\ qNS^2}{2\,C^2}$
2. L'unité de U_D exprimée en fonction des unités fondamentales du système international est : kg m^2 A^{-1} s^{-3}
3. L'unité dérivée de U_D est le volt (V). Il s'agit d'une tension.
4. $U_D = 0{,}7$ V.

Exercice 2.4

$\alpha = 8{,}05\ \ 10^{20}$

(α est une grandeur sans unité)

Chapitre 3

Incertitude absolue

3.1 Introduction

En physique, entre autres, il est inconcevable d'effectuer des mesures avec une précision infinie. Ainsi, toute mesure est entachée d'erreurs qui sont essentiellement dues à l'expérimentateur et aux instruments mis en jeu.

L'erreur est l'écart entre la valeur mesurée (X_{mes}) de la grandeur en question et sa vraie valeur (sa valeur exacte) que l'on notera X [1].

Comme la vraie valeur X est inconnue alors l'erreur est aussi inaccessible.

L'incertitude absolue est définie come étant l'écart positif maximum entre la valeur mesurée et la vraie valeur X [1].

L'estimation de l'incertitude absolue obéit, selon la situation, à des règles conventionnelles.

L'incertitude absolue s'exprime dans l'unité de la grandeur mesurée et est notée ΔX.

L'écriture du résultat de mesure d'une grandeur physique est de type :

$$X = (X_{mes} \pm \Delta X) \text{ unité de } X$$

L'incertitude absolue permet de définir l'intervalle dans lequel appartient certainement la varie valeur X. En effet, on a :

$$X \in [X_{mes} - \Delta X, X_{mes} + \Delta X]$$

3.2 Estimation des incertitudes absolues pour les mesures directes

Selon le type de l'instrument de mesure, les incertitudes absolues s'expriment de manières différentes.

3.2.1 Cas des instruments analogiques

Dans le Chapitre 2, nous avons passé en revue quelques appareils analogiques comme par exemple l'ampèremètre analogique, l'éprouvette gradué ou encore le thermomètre.

Il est établi que l'incertitude de lecture dans le cas d'un instrument de mesure analogique correspond à la moitié de graduation de ce dernier [1].

3.2.1.1 Cas d'un instrument gradué

En se basant sur la règle énoncée ci-dessus, l'incertitude absolue pour une règle graduée en millimètres vaut donc 0,5 mm.
L'incertitude absolue d'un thermomètre dont la graduation vaut le degré celsius (° C) est donc 0,5°C.

3.2.1.2 Cas d'un multimètre analogique

L'incertitude absolue ΔX est la somme de deux termes [1]:

(i) L'incertitude absolue due à la lecture (ΔX_{lec})

$$\Delta X_{lec} = 0{,}5\,\frac{\text{graduation x calibre utilisé}}{\text{Echelle correspondante}}$$

(ii) L'incertitude absolue due à l'appareil de mesure (ΔX_{app})

$$\Delta X_{app} = \frac{\text{n x calibre utilisé}}{100}$$

où n est la classe de l'appareil dont la valeur est fournie par le constructeur.

Ainsi,

$$\Delta X = \Delta X_{lec} + \Delta X_{app}$$

Exemples

Le tableau 3.1 rappelle, pour un voltmètre analogique, quelques calibres disponibles (en mode continu), les échelles qui leurs sont associées et la valeur de la graduation dans chaque cas.

Tableau 3.1 Quelques calibres disponibles (en mode continu), les échelles qui leurs sont associées et la valeur de la graduation dans chaque cas.

Calibre (V)	Echelle correspondante	Graduation
0,3 3 30 300	30	1
1 10 100	100	2

(i) Calibre utilisé : 3 V, classe de l'appareil : 2, graduation : 1

$$\Delta U_{lec} = 0{,}5 \frac{1 \text{ x } 3}{30} \text{ V} = 0{,}05 \text{ V}$$

$$\Delta U_{app} = \frac{2 \text{ x } 3}{100} \text{ V} = 0{,}06 \text{ V}$$

Soit :

$$\Delta U = \Delta U_{lec} + \Delta U_{app} = 0{,}05 \text{ V} + 0{,}06 \text{ V} = 0{,}11 \text{ V}$$

(ii) Calibre utilisé : 30 V, classe de l'appareil : 2, graduation : 1

$$\Delta U_{lec} = 0{,}5 \frac{1 \text{ x } 30}{30} \text{ V} = 0{,}5 \text{ V}$$

$$\Delta U_{app} = \frac{2 \text{ x } 30}{100} \text{ V} = 0{,}6 \text{ V}$$

Soit :

$$\Delta U = \Delta U_{lec} + \Delta U_{app} = 0{,}5 \text{ V} + 0{,}6 \text{ V} = 1{,}1 \text{ V}$$

(iii) Calibre utilisé : 10 V, classe de l'appareil : 2, graduation : 2

$$\Delta U_{lec} = 0{,}5\frac{2 \text{ x } 10}{100} \text{ V} = 0{,}1 \text{ V}$$

$$\Delta U_{app} = \frac{2 \text{ x } 10}{100} \text{ V} = 0{,}2 \text{ V}$$

Soit :

$$\Delta U = \Delta U_{lec} + \Delta U_{app} = 0{,}1 \text{ V} + 0{,}2 \text{ V} = 0{,}3 \text{ V}$$

(iv) Calibre utilisé : 10 V, classe de l'appareil : 2, graduation : 2

$$\Delta U_{lec} = 0{,}5\frac{2 \text{ x } 10}{100} \text{ V} = 0{,}1 \text{ V}$$

$$\Delta U_{app} = \frac{2 \text{ x } 10}{100} \text{ V} = 0{,}2 \text{ V}$$

Soit :

$$\Delta U = \Delta U_{lec} + \Delta U_{app} = 0{,}1 \text{ V} + 0{,}2 \text{ V} = 0{,}3 \text{ V}$$

(v) Calibre utilisé : 100 V, classe de l'appareil : 2, graduation : 2

$$\Delta U_{lec} = 0{,}5\frac{2 \text{ x } 100}{100} \text{ V} = 1 \text{ V}$$

$$\Delta U_{app} = \frac{2 \text{ x } 100}{100} \text{ V} = 2 \text{ V}$$

Soit :

$$\Delta U = \Delta U_{lec} + \Delta U_{app} = 1 \text{ V} + 2 \text{ V} = 3 \text{ V}$$

3.2.2 Cas des instruments numériques

On rappelle que les instruments de mesure numériques permettent de lire directement la valeur mesurée.

3.2.2.1 Cas d'un multimètre numérique

L'incertitude absolue de mesure ΔX peut être estimée comme étant la somme de deux termes ($\Delta X = \Delta X_1 + \Delta X_2$) [1]. Dans ce qui suit, on va adhérer à la règle stipulant que ΔX_1 vaut un pour cent de la valeur affichée et que ΔX_2 est égale à trois multiplié par l'unité réduite de l'appareil (U. R). Cette dernière correspond à la petite valeur que peut afficher l'appareil pour le calibre utilisé.

Exemples dans le cas d'un voltmètre numérique en mode continu

(i) Calibre : 200 mV, U.R : 0,1 mV, Valeur affichée : $U_{mes} = 150$ mV.

$$\Delta U_1 = 0{,}01 \text{ x } 150 \text{ mV} = 1{,}5 \text{ mV.}$$

$$\Delta U_2 = 3 \text{ x } 0{,}1 \text{ mV} = 0{,}3 \text{ mV}$$

D'où :

$$\Delta U = \Delta U_1 + \Delta U_2 = 1{,}5 \text{ mV} + 0{,}3 \text{ mV} = 1{,}8 \text{ mV}$$

(ii) Calibre : 200 V, U.R : 0,1 V, Valeur affichée : $U_{mes} = 180$ V.

$$\Delta U_1 = 0{,}01 \text{ x } 180 \text{ V} = 1{,}8 \text{ V.}$$

$$\Delta U_2 = 3 \text{ x } 0{,}1 \text{ V} = 0{,}3 \text{ V}$$

Soit :

$$\Delta U = \Delta U_1 + \Delta U_2 = 1{,}8 \text{ V} + 0{,}3 \text{ V} = 2{,}1 \text{ V}$$

3.2.2.2 Cas d'un compteur numérique

Dans ce cas, l'incertitude absolue est, par définition, la racine carrée de la valeur affichée par l'appareil [1].

Exemples

(i) $N_{mes} = 400$, $\Delta N = 20$.

(ii) $N_{mes} = 900$, $\Delta N = 30$.

3.2.3 Incertitude absolue sur une valeur moyenne [1]

On effectue N mesures portant sur la même grandeur physique que l'on notera b. On trouve comme résultats : b_{mes1}, b_{mes2}, b_{mes3}, ..., b_{mesN} associés respectivement aux incertitudes absolues suivantes : Δb_1 , Δb_2 , Δb_3 , ...Δb_N

On calcule la valeur moyenne définie par :

$$\overline{b_{mes}} = \frac{\sum_{i=1}^{N} b_{mesi}}{N}$$

S'agissant de l'incertitude absolue sur cette valeur moyenne, elle est donnée par [1]:

$$\Delta\overline{b} = \frac{\sqrt{\sum_{i=1}^{N} (\Delta b_i)^2}}{N}$$

3.2 Chiffres significatifs (c. s)

- Tous les chiffres non nuls sont significatifs.

  Exemples

  (i) 1542 : 4 c. s

  (ii) 154,2 : 4 c. s

  (iii) 15,42 : 4 c. s

  (iv) 1211 54 : 6 c. s

- Un zéro placé au début (à gauche) d'un nombre n'est pas significatif.

  Exemples

  (i) 0,52 : 2 c. s
  (ii) 052 : 2 c. s
  (iii) 0,397 : 3 c. s

- Un zéro qui ne possède que des zéros à sa gauche n'est pas significatif.

  Exemples

  (i) 0,052 : 2 c. s
  (ii) 0,0052 : 2 c. s
  (iii) 0,000356 : 3 c. s
  (iv) 00897 : 3 c. s

- Un zéro placé à l'intérieur d'un nombre (à sa gauche et à sa droite, il y a au moins un chiffre différent de zéro) est significatif

  Exemples

  (i) 205 : 3 c. s
  (ii) 2005 : 4 c .s
  (iii) 200,5 : 4 c. s
  (iv) 2,005 : 4 c. s
  (v) 52001 : 5 c. s
  (vi) 3,00024 : 6 c. s
  (vii) 99055 : 5 c. s

- Un zéro placé à droite d'un nombre avec virgule est significatif

  Exemples

  (i) 0,20 : 2 c. s
  (ii) 2,20 : 3 c.s
  (iii) 3,850 : 4 c. s

(iv) 6,54870 : 6 c. s

- Dans un nombre avec virgule, un zéro qui ne possède que des zéros à sa droite est significatif.

  Exemples

  (i) 0,200 : 3 c.s
  (ii) 0,2000 : 4 c. s
  (iii) 2,000 : 4 c.s

- Le cas où le zéro est placé à droite d'un nombre doit être ramené aux deux cas précédents.

  Exemple

  500 mA peut s'écrire :

  0, 5 A : 1 c. s

  0,50 A : 2 c. s

  0,500 A : 3 c. s

3.4 Ecriture du résultat de mesure

On rappelle que le résultat de mesure d'une grandeur physique doit être exprimé ou écrit comme étant :

$$X = (X_{mes} \pm \Delta X) \text{ unité de } X$$

Dans ces notes de cours, nous allons adopter la règle suivante afin d'exprimer le résultat de mesure :

(i) Le nombre de chiffres significatifs de l'incertitude absolue est limité à un seul.
(ii) Ceci s'effectue de sorte qu'on arrondit la valeur de ΔX à celle qui lui est la plus proche.
(iii) Le nombre de chiffres après la virgule de X_{mes} doit être le même que celui de ΔX.

(iv) Ceci se fait en arrondissant la valeur de X_{mes} à celle qui lui est la plus proche.

Remarque

Lorsque ΔX a comme deuxième chiffre significatif le chiffre 5 on doit l' arrondir à la valeur supérieure tout en respectant la règle énoncée ci-dessus. Ainsi, on doit arrondir 0,25 à 0,3 ; 1,5 à 2 et 0,0075 à 0,008.

Lorsque le N ième chiffre après la virgule de X_{mes} est le chiffre 5 et que l'écriture du résultat exige d'écrire X_{mes} avec N-1 chiffres après la virgule alors on doit arrondir X_{mes} à la valeur qui lui est supérieure. Ainsi, on doit arrondir 1,25 à 1,3 ; 0,265 à 0,27 ; 4,7805 à 4,781 ; 1,5 à 2 ; 3,4656 à 3,47.

Exemples d'application de la règle d'écriture d'un résultat de mesure

(i) $U_{mes} = 1,3491$ V, $\Delta U = 0,1234$ V

On écrit donc:

$$\Delta U = 0,1 \text{ V et } U = 1,3 \text{ V}$$

Soit :

$$U = (1,3 \pm 0,1) \text{ V}$$

(ii) $U_{mes} = 1,3529$ V, $\Delta U = 0,1912$ V

On écrit donc:

$$\Delta U = 0,2 \text{ V et } U = 1,4 \text{ V}$$

Soit :

$$U = (1,4 \pm 0,2) \text{ V}$$

(iii) $U_{mes} = 1,3491$ V, $\Delta U = 0,0341$ V

On écrit donc:

$$\Delta U = 0{,}03 \text{ V et } U = 1{,}35\text{V}$$

Soit :

$$U = (1{,}35 \pm 0{,}03) \text{ V}$$

(iv) $U_{mes} = 1{,}3529$ V, $\Delta U = 0{,}0372$V

On écrit donc:

$$\Delta U = 0{,}04\text{V et } U = 1{,}35 \text{ V}$$

Soit :

$$U = (1{,}35 \pm 0{,}04) \text{ V}$$

(v) $U_{mes} = 1{,}3491$ V, $\Delta U = 0{,}0034$ V

On écrit donc:

$$\Delta U = 0{,}003 \text{ V et } U = 1{,}349 \text{ V}$$

Soit :

$$U = (1{,}349 \pm 0{,}003) \text{ V}$$

(vi) $U_{mes} = 1{,}3529$ V, $\Delta U = 0{,}0037$ V

On écrit donc:

$$\Delta U = 0{,}004 \text{ V et } U = 1{,}353\text{V}$$

Soit :

$$U = (1{,}353 \pm 0{,}004) \text{ V}$$

(vii) $U_{mes} = 2{,}5678$ V, $\Delta U = 0{,}15$ V

On écrit donc:

$$\Delta U = 0{,}2\ V \text{ et } U = 2{,}6\ V$$

Soit :

$$U = (2{,}6 \pm 0{,}2)\ V$$

3.5 Incertitude absolue dans le cas d'une mesure indirecte

3.5.1 Position du problème

Comme nous l'avons signalé au Chapitre **2** (paragraphe **2.4.2**), dans plusieurs situations, la mesure d'une grandeur physique G ne s'effectue pas directement mais par l'intermédiaire de mesures directes d'autres grandeurs physiques que l'on notera X, Y et Z (en se limitant à trois). Ainsi, la grandeur G se mesure indirectement et s'exprime en fonction de X, Y et Z (G = G(X, Y, Z)).

Le problème qui se pose consiste à déterminer l'incertitude absolue qui porte sur la mesure indirecte de G que l'on notera ΔG sachant les incertitudes absolues ΔX, ΔY et ΔZ.

3.5.2 Méthode de calcul de ΔG [1]

La méthode mathématique que l'on adopte repose sur la différentielle d'une fonction scalaire.

Par définition, la différentielle de la fonction G(X, Y, Z) est définie par :

$$dG = \left.\frac{\partial G}{\partial X}\right)_{Y,Z} dX + \left.\frac{\partial G}{\partial Y}\right)_{X,Z} dY + \left.\frac{\partial G}{\partial Z}\right)_{X,Y} dZ$$

où

$\left.\frac{\partial G}{\partial X}\right)_{Y,Z}$ correspond à la dérivée partielle de G (X, Y, Z) par rapport à X qui s'obtient en dérivant seulement par rapport à X (Y et Z étant considérées comme constantes).

$\left.\frac{\partial G}{\partial Y}\right)_{X,Z}$ correspond à la dérivée partielle de G (X, Y, Z) par rapport à Y qui s'obtient en dérivant seulement par rapport à Y (X et Z étant considérées comme constantes).

$\left.\frac{\partial G}{\partial Z}\right)_{X,Y}$ correspond à la dérivée partielle de G (X, Y, Z) par rapport à Z qui s'obtient en dérivant seulement par rapport à Z (X et Y étant considérées comme constantes).

Dans l'équation exprimant dG, on remplace les différentielles dG, dX, dY et dZ respectivement par les incertitudes absolues ΔG, ΔX, ΔY et ΔZ tout en considérant les valeurs absolues des dérivées partielles. Il vient :

$$\Delta G = \left|\left.\frac{\partial G}{\partial X}\right)_{Y,Z}\right| \Delta X + \left|\left.\frac{\partial G}{\partial Y}\right)_{X,Z}\right| \Delta Y + \left|\left.\frac{\partial G}{\partial Z}\right)_{X,Y}\right| \Delta Z$$

Exemples

(i) G = X + Y

$$\Delta G = \left|\left.\frac{\partial G}{\partial X}\right)_{Y}\right| \Delta X + \left|\left.\frac{\partial G}{\partial Y}\right)_{X}\right| \Delta Y$$

$$\left.\frac{\partial G}{\partial X}\right)_{Y} = 1$$

et

$$\left.\frac{\partial G}{\partial Y}\right)_{X} = 1$$

Soit :

$$\Delta G = \Delta X + \Delta Y$$

(ii) G = X - Y

$$\Delta G = \left|\left.\frac{\partial G}{\partial X}\right)_{Y}\right| \Delta X + \left|\left.\frac{\partial G}{\partial Y}\right)_{X}\right| \Delta Y$$

$$\left.\frac{\partial G}{\partial X}\right)_{Y} = 1$$

et

$$\left.\frac{\partial G}{\partial Y}\right)_X = -1$$

Soit :

$$\Delta G = \Delta X + \Delta Y$$

(iii) $G = X\,Y$

$$\Delta G = \left|\left.\frac{\partial G}{\partial X}\right)_Y\right| \Delta X + \left|\left.\frac{\partial G}{\partial Y}\right)_X\right| \Delta Y$$

$$\left.\frac{\partial G}{\partial X}\right)_Y = Y$$

et

$$\left.\frac{\partial G}{\partial Y}\right)_X = X$$

Soit :

$$\Delta G = |Y|\,\Delta X + |X|\,\Delta Y$$

(iv) $G = \frac{X}{Y}$

$$\Delta G = \left|\left.\frac{\partial G}{\partial X}\right)_Y\right| \Delta X + \left|\left.\frac{\partial G}{\partial Y}\right)_X\right| \Delta Y$$

$$\left.\frac{\partial G}{\partial X}\right)_Y = \frac{1}{\;}$$

et

$$\left.\frac{\partial G}{\partial Y}\right)_X = -\frac{X}{Y^2}$$

Soit :

$$\Delta G = \left|\frac{1}{\;}\right| \Delta X + \left|-\frac{X}{Y^2}\right| \Delta Y = \left|\frac{1}{\;}\right| \Delta X + \left|\frac{X}{Y^2}\right| \Delta Y$$

Remarque

Lorsqu'on effectue l'application numérique concernant ΔG, on considère les valeurs brutes (sans arrondissement) de ΔX, ΔY et ΔZ.

Exercices d'application

Exercice 3.1

Donner le nombre de chiffres significatifs dans chacun des cas suivants :

(i) 0,03
(ii) 1,200
(iii) 213
(iv) 7051
(v) 8,01
(vi) 1,00
(vii) 0,00005
(viii) 3125

Exercice 3.2

On effectue la mesure de l'intensité du courant qui traverse un résistor dans les conditions suivantes :

Appareil de mesure : multimètre numérique

Calibre utilisé (en mode continu) : 200 mA

Valeur mesurée : i_{mes}= 120 mA

Plus petite valeur pouvant être affichée par l'appareil (U.R) : 0,1 mA

a- Calculer l'incertitude absolue de mesure de cette intensité.

b- Exprimer le résultat de mesure.

Exercice 3.3

On s'intéresse à la mesure indirecte de la résistance R d'un résistor par le biais de mesures directes de la tension U aux bornes du résistor et de l'intensité du courant i qui le traverse.

Les conditions de deux mesures directes sont les suivantes :

(i) Mesure de la tension U

Appareil de mesure : Voltmètre analogique (à aiguilles) doté de deux échelles 30 et 100

Classe de l'appareil : 2

Calibre utilisé : 3 V (en mode continu)

Valeur mesurée : $U_{mes} = 2,5$ V

(ii) **Mesure de l'intensité du courant i**

Appareil de mesure : Milliampèremètre analogique (à aiguilles) doté de deux échelles 30 et 100

Classe de l'appareil : 2

Calibre utilisé : 30 mA (en mode continu) ; (1 mA = 10^{-3} A)

Valeur mesurée : $i_{mes} = 15$ mA

1- Exprimer la résistance R en fonction de la tension U et de l'intensité du courant i
2- Calculer la valeur de la résistance mesurée indirectement que l'on notera R_{mes}.
3- Calculer l'incertitude absolue ΔU
4- Calculer l'incertitude absolue Δi
5- Déterminer l'expression mathématique de l'incertitude de mesure de la résistance ΔR en fonction de ΔU et Δi
6- Calculer ΔR
7- Exprimer le résultat de mesure indirecte de la résistance.

Exercice 3.4

Afin de mesurer le nombre N de particules radioactives parasites, on utilise un compteur numérique. Les résultats, concernant 10 mesures identiques, sont rapportés dans le Tableau ci-dessous :

Numéro de la mesure (i)	1	2	3	4	5	6	7	8	9	10
Nombre de particules (N_{mesi})	20	27	17	25	19	16	23	21	24	18

1. Calculer la valeur moyenne de N_{mes} que l'on notera $\overline{N_{mes}}$

2. Calculer l'incertitude absolue $\Delta \bar{N}$. Conclure.

3. Exprimer le résultat sous la forme suivante: $\overline{N_{mes}} \pm \Delta \bar{N}$.

Exercice 3.5

On s'intéresse à la mesure indirecte d'une grandeur G qui s'exprime en fonction de trois grandeurs X, Y et Z mesurables directement.

1. Déterminer l'expression de l'incertitude ΔG en fonction de celles de X, Y et Z que l'on notera $\Delta X, \Delta Y$ et ΔZ
2. Que devient l'expression de ΔG dans le cas où $G = X^{\frac{1}{2}} Y^{\frac{1}{2}} Z^{\frac{1}{2}}$
3. Calculer la valeur de G_{mes} sachant que $X_{mes} = 8$ m, $Y_{mes} = 10$ m et $Z_{mes} = 13$ m.
4. Calculer ΔG sachant que $\Delta X = \Delta Y = \Delta Z = 0{,}4\,\text{m}$.
5. Ecrire le résultat de mesure indirecte de G

Exercice 3.6

On s'intéresse à la mesure indirecte d'une grandeur G qui s'exprime en fonction de trois grandeurs X, Y et Z mesurables directement.

1. Déterminer l'expression de l'incertitude ΔG en fonction de celles de X, Y et Z que l'on notera ΔX, ΔY et ΔZ
2. Déterminer l'expression de ΔG dans le cas où $G = \frac{(X+Y)(X-Y)}{4Z}$
3. Calculer la valeur de G_{mes} sachant que $X_{mes} = 2$ m ; $Y_{mes} = 1$ m et $Z_{mes} = 1$ m.
4. Calculer ΔG sachant que $\Delta X = \Delta Y = \Delta Z = 0{,}1$ m.
5. Ecrire le résultat de mesure indirecte de G.

Exercice 3.7

On s'intéresse à la mesure indirecte d'une grandeur G qui s'exprime en fonction de trois grandeurs X, Y et Z mesurables directement.

1. Déterminer l'expression de l'incertitude ΔG en fonction de celles de X, Y et Z que l'on notera ΔX, ΔY et ΔZ
2. Déterminer l'expression de ΔG dans le cas où :

$$\frac{1}{G} = \frac{1}{X} + \frac{1}{Y} + \frac{1}{Z}$$

3. Calculer la valeur de G_{mes} sachant que $X_{mes} = 10\ \Omega$; $Y_{mes} = 15\ \Omega$ et $Z_{mes} = 10\ \Omega$.
4. Calculer ΔG sachant que $\Delta X = \Delta Y = \Delta Z = 0{,}5\ \Omega$.
5. Ecrire le résultat de mesure indirecte de G.

Exercice 3.8

On s'intéresse à la mesure indirecte d'une grandeur G qui s'exprime en fonction de deux grandeurs X et Y mesurables directement.

1. Déterminer l'expression de l'incertitude ΔG en fonction de celles de X et Y que l'on notera ΔX et ΔY
2. Déterminer l'expression de ΔG lorsque :

$G = \text{Log}\,(X + Y)$

où Log désigne le logarithme népérien.

4. Calculer la valeur de G_{mes} sachant que $X_{mes} = 10$ et $Y_{mes} = 10$
5. Calculer ΔG sachant que $\Delta X = \Delta Y = 1$.
6. Ecrire le résultat de mesure indirecte de G.

Exercice 3.9

On s'intéresse à la mesure indirecte d'une grandeur G qui s'exprime en fonction de trois grandeurs X, Y et Z mesurables directement.

1. Déterminer l'expression de l'incertitude ΔG en fonction de celles de X, Y et Z que l'on notera $\Delta X, \Delta Y$ et ΔZ
2. Déterminer l'expression de ΔG lorsque :

$G = \text{Log}\,(X\,Y\,Z)$

où Log désigne le logarithme népérien.

7. Calculer la valeur de G_{mes} sachant que $X_{mes} = 1$; $Y_{mes} = 2$ et $Z_{mes} = 3$.
8. Calculer ΔG sachant que $\Delta X = \Delta Y = \Delta Z = 0{,}1$.
9. Ecrire le résultat de mesure indirecte de G.

Exercice 3.10

On s'intéresse à la mesure indirecte d'une grandeur G qui s'exprime en fonction de trois grandeurs X, Y et Z mesurables directement.

1. Déterminer l'expression de l'incertitude ΔG en fonction de celles de X, Y et Z que l'on notera $\Delta X, \Delta Y$ et ΔZ
2. Déterminer l'expression de ΔG lorsque :

$$G = \text{Log}\left(X^2 + Y^3 + Z^4\right)$$

où Log désigne le logarithme népérien.

3. Calculer la valeur de G_{mes} sachant que $X_{mes} = 1$; $Y_{mes} = 1$ et $Z_{mes} = 1$.
4. Calculer ΔG sachant que $\Delta X = \Delta Y = \Delta Z = 0{,}1$.
5. Ecrire le résultat de mesure indirecte de G.

Exercice 3.11

On s'intéresse à la mesure indirecte d'une grandeur G qui s'exprime en fonction de deux grandeurs X et Y mesurables directement.

1. Déterminer l'expression de l'incertitude absolue ΔG en fonction de celles de X et Y que l'on notera ΔX et ΔY
2. Déterminer l'expression de ΔG lorsque :

$$G = \text{Log}\left(\frac{X}{Y}\right) + \exp\left(\frac{X}{Y}\right)$$

où Log désigne le logarithme népérien.

3. Calculer la valeur de G_{mes} sachant que $X_{mes} = 2$ et $Y_{mes} = 1$
4. Calculer ΔG sachant que $\Delta X = \Delta Y = 0{,}1$.
5. Ecrire le résultat de mesure indirecte de G.

Réponses

Exercice 3.1

Nombre de chiffres significatifs (c. s):

(i) 1 c. s

(ii) 4 c. s

(iii) 3 c. s

(iv) 4 c. s

(v) 3 c. s

(vi) 3 c. s

(vii) 1 c. s

(viii) 4 c. s

Exercice 3.2

1. $\Delta i = 1{,}5$ mA
2. $i = (120 \pm 2)$ mA.

Exercice 3.3

1. $R = \frac{U}{i}$
2. $R_{mes} = 166{,}6\ \Omega = 0{,}\ 1666\ k\Omega$
3. $\Delta U = 0{,}11$ V
4. $\Delta i = 1{,}10$ mA
5. $\Delta R = \left|\frac{1}{i}\right| \Delta U + \left|\frac{U}{i^2}\right| \Delta i$
6. $\Delta R = 19{,}55\ \Omega = 0{,}01955\ k\Omega$
7. $R = (0{,}17 \pm 0{,}02)\ k\Omega$.

Exercice 3.4

1. $\overline{N_{mes}} = 21$

2. $\Delta \overline{N} = 1{,}4491$

3. $\overline{N} = 21 \pm 1$

Exercice 3.5

1. $\Delta G = \left|\left(\frac{\partial G}{\partial X}\right)_{Y,Z}\right| \Delta X + \left|\left(\frac{\partial G}{\partial Y}\right)_{X,Z}\right| \Delta Y + \left|\left(\frac{\partial G}{\partial Z}\right)_{X,Y}\right| \Delta Z$

2. $\Delta G = \left|\frac{1}{2} X^{-\frac{1}{2}} Y^{\frac{1}{2}} Z^{\frac{1}{2}}\right| \Delta X + \left|\frac{1}{2} X^{\frac{1}{2}} Y^{-\frac{1}{2}} Z^{\frac{1}{2}}\right| \Delta Y + \left|\frac{1}{2} X^{\frac{1}{2}} Y^{\frac{1}{2}} Z^{-\frac{1}{2}}\right| \Delta Z$

3. $G_{mes} = 32{,}249\ m^3$

4. $\Delta G = 1{,}937\ m^3$

5. $G = (32 \pm 2)\ m^3$

Exercice 3.6

1. $\Delta G = \left|\left(\frac{\partial G}{\partial X}\right)_{Y,Z}\right| \Delta X + \left|\left(\frac{\partial G}{\partial Y}\right)_{X,Z}\right| \Delta Y + \left|\left(\frac{\partial G}{\partial Z}\right)_{X,Y}\right| \Delta Z$

2. $\Delta G = \left|\frac{X}{2Z}\right| \Delta X + \left|\frac{-Y}{2Z}\right| \Delta Y + \left|\frac{-(X^2 - Y^2)}{4Z^2}\right| \Delta Z$

3. $G_{mes} = 0{,}75\ m$

4. $\Delta G = 0{,}225\ m$

5. $G = (0{,}8 \pm 0{,}2)\ m$

Exercice 3.7

1. $\Delta G = \left|\frac{\partial G}{\partial X}\right)_{Y,Z}\Big| \Delta X + \left|\frac{\partial G}{\partial Y}\right)_{X,Z}\Big| \Delta Y + \left|\frac{\partial G}{\partial Z}\right)_{X,Y}\Big| \Delta Z$

2. $\Delta G = \left|\frac{Y^2 Z^2}{(XY+YZ+XZ)^2}\right| \Delta X + \left|\frac{X^2 Z^2}{(XY+YZ+XZ)^2}\right| \Delta Y + \left|\frac{X^2 Y^2}{(XY+YZ+XZ)^2}\right| \Delta Z$

3. $G_{mes} = 3{,}75\ \Omega$

4. $\Delta G = 0{,}34375\ \Omega$

5. $G = (3{,}8 \pm 0{,}3)\ \Omega$

Exercice 3.8

1. $\Delta G = \left|\frac{\partial G}{\partial X}\right)_{Y}\Big| \Delta X + \left|\frac{\partial G}{\partial Y}\right)_{X}\Big| \Delta Y$

2. $\Delta G = \left|\frac{1}{X+Y}\right| \Delta X + \left|\frac{1}{X+Y}\right| \Delta Y$

3. $G_{mes} = 2{,}99573$

4. $\Delta G = 0{,}1.$

5. $G = 3{,}0 \pm 0{,}1$

Exercice 3.9

1. $\Delta G = \left|\frac{\partial G}{\partial X}\right)_{Y,Z}\Big| \Delta X + \left|\frac{\partial G}{\partial Y}\right)_{X,Z}\Big| \Delta Y + \left|\frac{\partial G}{\partial Z}\right)_{X,Y}\Big| \Delta Z$

2. $\Delta G = \left|\frac{1}{X}\right| \Delta X + \left|\frac{1}{Y}\right| \Delta Y + \left|\frac{1}{Z}\right| \Delta Z$

3. $G_{mes} = 1{,}791759$

4. $\Delta G = 0{,}183333$

5. $G = 1{,}8 \pm 0{,}2$

Exercice 3.10

1. $\Delta G = \left|\frac{\partial G}{\partial X}\right)_{Y,Z}\Big| \Delta X + \left|\frac{\partial G}{\partial Y}\right)_{X,Z}\Big| \Delta Y + \left|\frac{\partial G}{\partial Z}\right)_{X,Y}\Big| \Delta Z$

2. $\Delta G = \left|\frac{2X}{X^2+Y^3+Z^4}\right| \Delta X + \left|\frac{3Y^2}{X^2+Y^3+Z^4}\right| \Delta Y + \left|\frac{4Z^3}{X^2+Y^3+Z^4}\right| \Delta Z$

3. $G_{mes} = 1{,}0986$

4. $\Delta G = 0,3$
5. $G = (1,1 \pm 0,3)$.

Exercice 3.11

1. $\Delta G = \left|\left(\frac{\partial G}{\partial X}\right)_Y\right| \Delta X + \left|\left(\frac{\partial G}{\partial Y}\right)_X\right| \Delta Y$
2. $\Delta G = \left|\frac{1}{X} + \frac{1}{X}\exp\left(\frac{X}{Y}\right)\right| \Delta X + \left|-\frac{1}{Y} - \frac{X}{Y^2}\exp\left(\frac{X}{Y}\right)\right| \Delta Y$
3. $G_{mes} = 8,082$
4. $\Delta G = 1,997$
5. $G = 8 \pm 2$

Références

[1] Dominique Barchiesi, Mesure physique et instrumentation, Editeur : Ellipses, 2003.

[2] Hassen Maaref, Nabil Safta, Mécanique quantique - applications à la Physique Atomique et Moléculaire et à la Physique des Solides. Exercices et problèmes corrigés. Tome II, Edition du Centre de Publication Universitaire (CPU), Tunis 2002.

[3] http://www.alloprof.qc.ca/BV/pages/c1051.aspx

[4] http://capuchonalecole.eklablog.com/la-regle-graduee-a108823624

[5] https://www.laboandco.com/eprouvette-graduee-1000-ml-forme-basse-brand-VEF-42062

[6] https://www.coffia.com/thermometre-grand-modele-40-cm.html

[7] https://www.pierron.fr/amperemetre-ca401.html

[8] http://webetab.ac-bordeaux.fr/Pedagogie/Physique/Physico/Electro/e03amper.htm

[9] http://materiel-scientifique-enseignement.com/produit/ca402-voltmetre-analogique-chauvin-arnoux/

[10] http://webetab.ac-bordeaux.fr/Pedagogie/Physique/Physico/Electro/e04voltm.htm

[11] https://www.amazon.fr/Zacro-Multim%C3%A8tre-Num%C3%A9rique-Tournevis-Installez/dp/B06X9VT3N5

[12] https://www.travaux-electrique.fr/utiliser-multimetre

[13] http://www.directindustry.fr/prod/simex-sp-z-oo/product-37901-576579.html

[14] Nabil Safta, Les fondamentaux du laser, GRIN Publishing, 2014.
http://www.grin.com/fr/e-book/375157/les-fondamentaux-du-laser